DES

PHÉNOMÈNES GLACIAIRES

SAINT-MAIXENT, TYP. CH. REVERSÉ.

CONFÉRENCES

SCIENTIFIQUES ET LITTÉRAIRES

DES FACULTÉS DE POITIERS
DES

PHÉNOMÈNES GLACIAIRES

PAR

CH. CONTEJEAN

PROFESSEUR D'HISTOIRE NATURELLE

A LA FACULTÉ DES SCIENCES DE POITIERS

MEMBRE DE LA SOCIÉTÉ LINNÉENNE DE BORDEAUX, ETC.

NIORT

L. CLOUZOT, LIBRAIRE-ÉDITEUR

Rue des Halles, 22

1867

MESDAMES, MESSIEURS,

C'est à la fois un plaisir et un devoir pour moi de vous exprimer ma gratitude de l'accueil sympathique que j'ai déjà reçu dans cette enceinte. Mais si votre bienveillance me donne du courage, elle m'impose aussi des obligations auxquelles je dois m'efforcer de satisfaire. Puissiez-vous donc trouver rapides les instants que vous allez passer à m'écouter!

Je viens aujourd'hui vous entretenir d'un des sujets les plus importants de la géologie, des phénomènes glaciaires; et tout naturellement je suis obligé de commencer par vous dire ce que c'est qu'un glacier, et à quels signes on reconnaît l'existence d'anciens amas de glace dans des lieux d'où ils ont depuis longtemps disparu. Veuillez donc me suivre dans quelques détails préliminaires indispensables, où je vous retiendrai le moins longtemps possible.

Un glacier est une énorme masse de neige et de glace qui remplit certaines vallées ou qui recouvre les flancs des montagnes. On a souvent comparé un glacier à un fleuve congelé. Il s'alimente, en effet, se déplace, coule entre ses rives, reçoit des affluents, présente des remous et même des cascades comme un cours d'eau. Il s'alimente par les neiges qui tombent dans les cirques rocheux où il prend naissance. Une des conditions nécessaires à l'existence d'un glacier, c'est qu'il y ait à son origine de vastes dépressions appelées cirques, où les vents puissent entraîner et accumuler les neiges. C'est donc avec raison qu'on a comparé les glaciers à ces fleuves sortant d'un lac, comme le Nil, par exemple ; ce qui ne préjuge rien sur le point de départ extrême du glacier, non plus que sur celui du fleuve historique dont les sources véritables seront encore longtemps mystérieuses. A leur extrémité inférieure, les glaciers se terminent par un escarpement appelé front du glacier, d'où s'échappe un torrent provenant de la fusion de la glace. Le Rhin, le Rhône, la Garonne et un grand nombre de cours d'eau n'ont pas d'autre origine.

Voici ce que l'observation nous apprend sur la formation d'un glacier. La neige qui l'entretient se tasse peu à peu et descend le long des pentes, cédant à la pesanteur ou précipitée par les avalanches. En même temps qu'elle passe de proche en proche à l'état de glace, elle se renouvelle sans cesse dans les hautes régions par des chutes presque quotidiennes. Quand la température est assez élevée, en été par exemple, cette neige se ramollit à la surface et éprouve un commencement de fusion. L'eau qui en provient s'infiltre à l'état liquide dans les couches profondes, et les convertit en une masse granuleuse composée de petits glaçons sans adhérence. C'est le *névé* des physiciens. Assez fin dans le voisinage des neiges éternelles, le névé devient de plus en plus grossier par l'augmentation du volume des glaçons dont il est formé. Ceux-ci finissent par se souder entre eux, et donnent naissance à une glace d'abord bulleuse et remplie de petites cavités, puis compacte, et présentant, dans les crevasses, cette merveilleuse coloration bleue que l'œil ne peut se lasser d'admirer. Tous ces effets sont dus aux alternances de fusion et de congélation qu'éprouvent chaque jour les glaciers ; car, même aux époques les plus chaudes de l'année, le thermomètre descend toutes les nuits au-dessous de zéro dans les hautes montagnes. Il en résulte que les infiltrations du jour et la gelée des nuits tendent à agglutiner de plus en plus les éléments des névés pour les transformer en glace, et que l'eau qui pénètre à l'état liquide dans les pores de la glace bulleuse finit par s'y congeler et par en faire disparaître les cavités. Aussi, loin de présenter un tout homogène, les glaciers varient dans leur composition suivant qu'on s'éloigne du cirque où ils commencent, pour se rapprocher de leur extrémité opposée. Ils sont d'abord formés de neige, puis de névé et de glace bulleuse, enfin de glace compacte.

En même temps qu'ils s'alimentent par les neiges, les glaciers diminuent par la fusion. Celle-ci a lieu principalement à leur surface et à leur extrémité inférieure ; elle est d'autant plus active qu'on l'observe sur des points de plus en plus éloignés du cirque d'origine, puisque, au fur et à mesure que le glacier pénètre dans les régions basses, il y rencontre une température plus élevée.

Dans les Alpes, la fusion superficielle enlève chaque année une couche d'environ trois mètres d'épaisseur. Un de ses effets les plus remarquables, c'est de mettre à découvert les objets enfouis dans les parties profondes. Les glaciers rejettent toute impureté, disent les montagnards. Quelquefois d'énormes blocs de rochers, ainsi rendus à la lumière, préservent de la fusion les couches sur lesquelles ils reposent, pendant que la glace s'abaisse autour d'eux. Ils finissent par se trouver supportés à une certaine hauteur sur des espèces de colonnes, et constituent ce qu'on a appelé les tables des glaciers.

La fusion du front du glacier est la plus importante à considérer, car c'est elle qui en arrête les progrès vers les régions basses. Aussi les glaciers sont-ils en équilibre instable. Un été sec et chaud les fait reculer du côté des hauts sommets, un été froid et humide leur permet de s'étendre dans les vallées. Quand il arrive une suite d'années pluvieuses, la marche du glacier peut devenir inquiétante pour les hameaux rapprochés. En 1818, plusieurs communes du Valais craignirent de se voir envahies. De 1846 à 1854, les glaciers du massif du Mont-Blanc firent de tels progrès, que les habitants des Bossons, près de Chamonix, délibérèrent pour savoir s'ils n'abandonneraient pas leurs demeures, sérieusement menacées. Heureusement, une série d'étés secs et chauds vint ramener les choses dans leur ancien état; depuis douze ans le glacier des Bossons a reculé de 332 mètres; il se trouve actuellement à plus d'un demi-kilomètre du hameau.

On voit que l'existence et l'extension d'un glacier dépendent à la fois de son alimentation par les neiges et de ses pertes par la fusion. Si la première devient prépondérante, le glacier progresse, si c'est la seconde, il recule. Pour qu'un glacier prenne de l'extension, il faut et il suffit que son alimentation l'emporte sur ses pertes. L'établissement d'un glacier n'implique donc pas du tout, comme condition indispensable, l'existence d'une très-basse température. Veuillez bien retenir ces propositions, fort importantes au point de vue de la géologie générale, et dont l'idée première revient à M. Lecoq.

Les glaciers ne restent donc pas tout-à-fait immobiles, comme le serait un fleuve congelé. Ils cheminent, fort lentement, il est vrai, du côté des vallées, où ils s'étendraient indéfiniment, si, comme on l'a vu, ils n'étaient arrêtés par la fusion de leur extrémité frontale. Le mouvement de progression est facile à constater, même à l'observation la plus superficielle. Depuis longtemps on a remarqué que les blocs de rochers précipités en si grand nombre à la surface des glaciers par les gelées et les infiltrations, ne restent pas au pied des escarpements qui les ont fournis, et que tel fragment granitique provenant du cirque où commence le glacier, peut se trouver amené en face d'autres roches, de schistes, par exemple, entre lesquels le fleuve de glace se trouve encaissé dans la partie inférieure de son cours. Divers objets abandonnés à des époques connues vers le haut des glaciers ont fini par reparaître plus loin et par être rejetés. On cite notamment une échelle laissée au pied de l'Aiguille-noire du Mont-Blanc par les guides de de Saussure, le 19 juillet 1788, et dont les fragments furent revus en 1832 sur la Mer de glace par M. Forbes, à 4050 mètres plus bas. Un éminent observateur à qui j'emprunte beaucoup de détails, M. Martins, retrouva, le 18 août 1845, le pied gauche de cette même échelle à 4420 mètres de son point de départ ; elle avait ainsi parcouru 87 mètres par an. M. Hugi avait fait construire en 1827, au confluent des glaciers du Finsteraar et du Lauteraar, une cabane qui était en 1843 à 1340 mètres plus bas, ce qui indique un mouvement de 96 mètres par année.

Des mesures exactes montrent que la progression des

glaciers s'accomplit d'une manière continue et sans saccades ; qu'elle est plus rapide en été qu'en hiver ; qu'elle varie suivant l'étendue des cirques, l'inclinaison et la configuration de la vallée ; qu'elle n'est pas toujours en rapport avec la pente ; enfin, qu'elle se ralentit à mesure qu'on descend le glacier. Ainsi, la partie supérieure du glacier de l'Aar chemine de 75 mètres par an, la partie moyenne de 71 mètres, et la partie inférieure de 39 mètres seulement. Quand à la vitesse moyenne, elle ne peut être appréciée fort exactement, car la différence est souvent considérable entre deux glaciers voisins et même entre les divers affluents d'un glacier. Tandis que celui de l'Aar, déjà nommé, progresse de 70 mètres par an, la Mer de glace de Chamonix se déplace en raison de 147 mètres dans le même espace de temps. On ne s'écarte pas beaucoup de la vérité en admettant pour les Alpes suisses, une vitesse annuelle de 50 à 120 mètres ; estimation qui n'a rien de compromettant en raison même de son élasticité.

Non-seulement la progression est inégale dans le sens de la longueur, mais elle l'est aussi dans le sens de la largeur. Des jalons plantés en ligne droite d'un bord à l'autre d'un glacier, perpendiculairement à son axe, ne tardent pas à se déplacer et à présenter à l'œil une courbe dont la convexité est dirigée dans le sens de la pente. Le mouvement est donc plus rapide au centre du glacier que sur ses rives. M. Tyndall a en outre reconnu que dans le cas où il se présente des courbes et des sinuosités, la ligne qu'on ferait passer par tous les points de la surface où le mouvement est le plus rapide, ne suit pas le centre du glacier, mais se rapproche de la rive concave et s'éloigne de la rive convexe. Enfin, pour achever de justifier à vos yeux cette assimilation qu'on a proposée de la marche d'un glacier à celle d'un cours d'eau, j'ajouterai que le premier contourne les obstacles qui peuvent obstruer son lit, de la même manière qu'une rivière ; qu'il éprouve des refoulements comparables au remous des eaux, et que, dans certains cas, il a ses rapides et ses chutes. Ainsi, dans les Alpes Bernoises, le glacier de Schwartzwald se précipite en cascade solide d'un escarpement des Wetterhoerner, au pied duquel la glace brisée se ressoude pour continuer de s'écouler.

La cause de la progression des glaciers a été longtemps un problème qui n'a reçu que depuis peu d'années une solution satisfaisante. Je me bornerai à rappeler, sans les discuter, les principales opinions émises à cet égard. Pour de Saussure, c'était le poids du glacier qui l'entraînait vers les régions inférieures. Pour M. Agassiz, dont la manière de voir a été longtemps admise, la dilatation de l'eau qui se congèle chaque nuit dans les fissures occasionnait le mouvement. M. Forbes considérait la glace comme une sorte de matière visqueuse qui s'écoulait lentement, sollicitée par son poids et obéissant à la pente. Toutes ces hypothèses ont quelque chose de vrai, mais chacune d'elles, étant trop exclusive, n'expliquait qu'un des côtés du phénomène. M. Forbes se rapproche surtout de la réalité, mais il restait à montrer que la glace est une matière plastique. C'est ce qu'a fait M. Tyndall, en s'appuyant sur des expériences qu'on répète maintenant dans tous les cours de physique, et dont je vous indiquerai les résultats sans entrer dans des explications théoriques. Deux morceaux de glace fondante pressés l'un contre l'autre se soudent et se réunissent en un seul glaçon. Comprimée dans un moule par une presse hydraulique, une masse de glace ou de neige fondante prend toutes les figures qu'on veut lui donner, et se transforme, suivant le cas, en un disque, un vase, un anneau de glace solide et compacte. C'est ce qu'on appelle en physique le phénomène du regel. La glace est donc une matière plastique susceptible de prendre toutes les formes, de garder toutes les empreintes. On comprend maintenant que le glacier, poussé en avant par la masse des neiges et des névés de ses parties supérieures, obéissant d'ailleurs à la pente de son lit, glisse entre les parois rocheuses qui l'encaissent, se moule en quelque sorte sur elles, surmonte ou contourne les obstacles, puisque, sous l'influence de la pression énorme qu'elle subit, la glace, à chaque instant brisée et morcelée, conserve la propriété de se réunir en un tout homogène. Sans le regel, les glaciers se réduiraient en poussière. Je ne dois pas cependant vous dissimuler que des objections ont été récemment élevées contre l'explication proposée par M. Tyndall.

Mais ces divers mouvements ne s'accomplissent pas sans amener des perturbations profondes et des dislocations innombrables dans le corps même du glacier. A l'examen superficiel, ce dernier paraît un amas compacte de neige, de névé et de glace ; en réalité, c'est un assemblage de fragments en contact de toutes dimensions, une masse poreuse imprégnée d'eau. Non-seulement la glace en apparence la plus solide renferme une multitude de petites fentes, mais le glacier lui-même est profondément morcelé par de grandes fissures qui le traversent quelquefois dans toute son épaisseur. Ces crevasses ont reçu le nom de *rimayes*. On en distingue de trois espèces : ce sont d'abord les crevasses marginales, qui n'existent que sur les bords du glacier. Leur direction est toujours plus ou moins oblique et curviligne, et la convexité de la courbe regarde le haut du glacier. Elles résultent évidemment d'une traction provenant de ce que le mouvement est plus rapide au centre que sur les bords. Il y a ensuite les crevasses transversales, qui coupent le glacier dans toute sa largeur et le divisent ordinairement dans toute son épaisseur. Elles sont occasionnées par une saillie du sol sous-jacent relevant le glacier et lui faisant éprouver un ploiement qui le force à se rompre. On connaît enfin des crevasses longitudinales, qui se forment toutes les fois que la glace vient buter contre un obstacle situé en avant.

Dans les hautes montagnes, il peut neiger tous les jours de l'année. Les chutes ont souvent une telle abondance, qu'en peu d'heures une couche de neige de plusieurs décimètres d'épaisseur recouvre le sol. Alors tout se confond, et les crevasses disparaissent sous un blanc linceul. Quelquefois elles sont entièrement comblées par les tourbillons, mais le plus ordinairement, c'est un simple pont de neige qui les dissimule aux regards. Quand ce pont n'a pas acquis la solidité suffisante, malheur à l'imprudent voyageur qui vient à y poser le pied. Il n'est pas de glacier qui n'ait dévoré ses victimes. Les récits des guides sont remplis de lamentables histoires. Obligé de choisir et pressé par le temps, je me bornerai à vous raconter une des catastrophes les plus récentes. Il y a quelques années, un jeune Russe attaché d'ambassade, M. de Groth était parti de Zermatt pour visiter les immenses et magnifiques glaciers du Mont-Rose. Il précédait de quelques pas son guide, lorsque soudain il disparaît dans une crevasse. Le malheureux jeune homme était tombé la tête en bas. Pressé entre deux murailles de glace, et à moitié enseveli dans la neige, il conserva cependant sa présence d'esprit, et ordonna au guide d'aller chercher du secours. Ce dernier mit beaucoup de temps à se rendre au hameau le plus voisin, où il se munit de cordes dont la longueur fut reconnue insuffisante. Toujours rempli de courage, le jeune voyageur lui donna de nouvelles instructions, mais quand les montagnards revinrent en nombre, ils ne retirèrent plus qu'un cadavre. Le corps du malheureux étranger, dont l'agonie dura cinq heures, avait laissé son empreinte dans la glace, qui s'était fondue autour de lui.

Ces mouvements intestins, ces déchirements, ces dislocations incessantes des glaciers sont accompagnés de bruits divers dont il est facile de reconnaître la cause. Tantôt une détonation formidable annonce qu'une grande crevasse vient de s'ouvrir subitement; tantôt un grondement plus sourd indique la démolition d'une partie du front du glacier ou la chute de quelque avalanche. Les innombrables tiraillements de la masse produisent des craquements presque continuels : le glacier cède en gémissant à sa destinée, a pu dire avec raison M. Forbes.

C'est donc à tort qu'on se représenterait les champs de glace comme le domaine du silence et de l'immobilité. Dans un beau jour d'été, rien n'est au contraire plus animé que leur surface pour qui sait observer. Dès le matin, la chaleur fait fondre la pellicule solide formée pendant la nuit, et bientôt circulent une multitude de petits filets d'eau, qui s'écoulent en murmurant, se réunissent et s'anastomosent de mille manières pour constituer des ruisseaux qui se précipitent en cascades dans les crevasses, et se joignent au torrent sortant du front du glacier. Parfois la neige est colorée en rouge par un végétal microscopique presque réduit à une simple cellule, le *Protococcus nivalis*, qu'on a observé dans les glaces du pôle aussi bien que dans celles des montagnes. Des îlots rocheux, connus sous le nom de jardins des chamois, percent les névés des cirques, et se revêtent d'une charmante parure de mousses, de saxifrages, d'androsaces et d'autres plantes alpines fort recherchées des collectionneurs. Il arrive aussi que de grands blocs précipités par les avalanches amènent jusqu'à la surface du glacier cette végétation aux vives couleurs. Le règne animal ne fait pas non plus défaut. A des hauteurs prodigieuses plane le gypaëte barbu ou vautour des agneaux, sur le compte duquel circulent tant de fables. La corneille des Alpes fait retentir de son cri rauque les basses vallées, où elle se précipite en tournoyant. La perdrix des frimas ou lagopède établit son nid dans le voisinage des neiges éternelles. L'ours, le chamois, le bouquetin fréquentent ces régions désolées, de plus en plus rares et méfiants. Fort nombreuses, au contraire, les marmottes font entendre à chaque instant leur sifflement aigu, et courent à leur terrier à la moindre alarme. Les voyageurs qui passent la nuit dans les hautes régions reçoivent souvent la visite indiscrète et intéressée d'autres rongeurs particuliers aux montagnes glacées. Peu difficiles sur le choix des aliments, ces animaux ne respectent aucune substance ayant eu vie : je connais un explorateur des Pyrénées dont les expériences furent arrêtées une fois par la dent des campagnols, qui, en une seule nuit, dévorèrent complètement l'étui en cuir de son baromètre. Il n'est pas jusqu'aux insectes qui n'aient leurs représentants. Pendant le séjour que fit en 1840 sur le glacier de l'Aar la courageuse phalange des naturalistes neuchâtelois, ils trouvèrent, en grande abondance, un petit animal agile et bondissant, la puce des glaciers, puisqu'il faut l'appeler par son nom. Cet insecte, découvert l'année précédente par M. Desor, dans les glaciers du Mont-Rose, appartient à la famille des podurelles. De tous les habitants des neiges, c'est sans contredit le plus curieux à observer, car il pénètre dans l'intérieur de la glace en apparence la plus compacte, et y circule avec une grande rapidité ; ce qui prouve bien que les blocs qui nous paraissent les plus homogènes sont remplis de fissures que l'œil ne distingue pas aisément. De quoi peut vivre ce petit être, qui pullule sous les pierres et dans certains creux : c'est ce que je ne prendrai pas sur moi de décider.

La masse et l'étendue d'un glacier dépendent surtout de circonstances locales, telles que la surface plus ou moins grande du cirque d'alimentation, le nombre des affluents, l'orientation par rapport à de hauts sommets, l'altitude, l'abondance des neiges, etc. Les amas plutôt formés de neige que de vraie glace qu'on rencontre çà et là dans les Pyrénées méritent à peine le nom de glaciers. Ces derniers sont au contraire fort nombreux dans les Alpes, et contribuent surtout à leur donner l'incomparable beauté qui les distingue parmi toutes les montagnes. Voici les dimensions de quelques glaciers. Le plus grand de la péninsule scandinave a 9 kilomètres de longueur sur 700 à 800 mètres de largeur. Le glacier de l'Aar, dans les Alpes bernoises, a 8 kilomètres de long sur 1450 mètres de large; son volume est estimé deux milliards et demi de mètres cubes. Celui d'Aletsch, le plus étendu de la chaîne, a 24 kilomètres, et son volume est de 22 à 24 milliards de mètres cubes. Dans l'Himalaya, où tout est gigantesque, le glacier de Baltoro a une longueur de 58 kilomètres sur une largeur de 3 à 4 kilomètres; enfin le glacier le plus considérable du globe, appelé glacier de Humboldt, s'étend au nord de la baie de Baffin, du 79° au 80° degré de latitude septentrionale, sur une longueur de 111 kilomètres.

Les détails qui précèdent sont relatifs à la constitution intime, à la vie des glaciers, si j'osais ainsi m'exprimer. Il est temps d'appeler votre attention sur d'autres particularités qui intéressent surtout le géologue.

La surface d'un glacier est couverte de fragments rocheux de tout format, de toute dimension, depuis le volume du grain de sable à celui de blocs de plusieurs centaines de mètres cubes. Ces matériaux, arrachés par les infiltrations et les gelées aux pentes qui dominent le glacier, ne sont pas disséminés au hasard. Ils affectent, au contraire, certaines dispositions, constituent des groupements, des accumulations qui ont reçu le nom de *moraines*. On distingue les moraines superficielles et les moraines profondes, et parmi les premières, les moraines latérales, les moraines médianes et la moraine frontale.

Les moraines latérales proviennent des éboulements qui arrivent le long du glacier. Ce sont des traînées de blocs et de débris rocheux formant des lignes continues sur les deux bords. A la jonction d'un affluent, qui vient déboucher à gauche, par exemple, la moraine latérale droite du glacier tributaire se réunit à la moraine latérale gauche du glacier principal ; mais, entraînés par la progression de la glace, les matériaux des deux moraines, désormais confondues, s'avancent peu à peu au milieu du glacier, où ils dessinent une ligne partout à égale distance des deux bords. Telle est l'origine des moraines médianes, dont le nombre est égal à celui des affluents du glacier principal. Continuant d'obéir au mouvement qui les transporte, les matériaux des moraines latérales et des moraines médianes, ainsi que les blocs et les débris enfouis dans la profondeur de la glace, arrivent tôt ou tard et successivement au front du glacier, d'où ils sont précipités pour constituer un barrage transversal appelé moraine frontale ou terminale. Cette dernière, qui s'étend d'un bord à l'autre de la vallée, en avant du glacier, reçoit à chaque instant de nouveaux blocs, et, par conséquent, s'accroît sans cesse. Elle a quelquefois une hauteur et une épaisseur considérables, et se présente de loin comme un rempart élevé qui intercepte la vallée. Si le glacier progresse, il pousse devant lui sa moraine frontale, s'il recule, celle-ci ne peut le suivre dans son retrait, et demeure à une certaine distance en avant, comme un index gigantesque au moyen duquel on peut mesurer la limite extrême de la dilatation du glacier.

Les moraines qui viennent d'être décrites sont appelées superficielles, car elles n'existent qu'à la surface et à l'extérieur du glacier. La moraine profonde est formée de tous les matériaux qui se trouvent sous le glacier et sur ses côtés, entre la glace et le sol. On distingue du premier coup d'œil les blocs et les cailloux qui appartiennent aux moraines superficielles de ceux qui proviennent de la moraine profonde. Les premiers, en effet, ne sont jamais usés ni rayés, et conservent tous leurs angles vifs, à moins que la désagrégation naturelle de la roche ne les ait émoussés, ce qui n'arrive que dans des cas assez rares. Au contraire, les matériaux des moraines profondes, surchargés d'un poids énorme, éprouvent contre les surfaces rocheuses encaissantes des frottements énergiques qui les couvrent de rayures, en émoussent les aspérités, les usent, les atténuent au point de convertir les moins résistants en sables et en boues qui rendent trouble et laiteuse l'eau des torrents. D'un autre côté, ces cailloux, solidement enchâssés dans la glace, et entraînés par son mouvement, agissent contre les roches en contact comme le feraient autant de burins, usent et polissent les surfaces, et les couvrent de stries et de cannelures toutes dirigées dans le sens de la progression.

Si, maintenant, nous imaginons par la pensée qu'un glacier vienne à disparaître en se fondant peu à peu, nous saurons retrouver à la place qu'il occupait d'irrécusables témoins de son ancienne existence. Un rempart transversal de blocs anguleux de tout format en fera reconnaître la moraine frontale. Deux lignes de blocs également anguleux, qui dessinent une pente assez uniforme le long des flancs de la vallée, indiquent le niveau des moraines latérales. Le lit du glacier demeurera couvert de débris anguleux provenant des moraines superficielles, et de cailloux usés et rayés provenant de la moraine profonde ; les roches qui le constituent seront elles-mêmes polies, striées, arrondies et moutonnées, pour me servir de l'expression consacrée. Quelquefois tous ces indices n'existent pas simultanément : les moraines latérales, abandonnées sur des pentes trop rapides, n'ont pu s'y maintenir partout ; la moraine frontale et les débris des moraines superficielles et de la moraine profonde ont été souvent entraînés par d'énergiques actions torrentielles ; mais alors restent le poli glaciaire et les stries, ou si ces dernières ont disparu par les effets de la désagrégation, la forme arrondie et moutonnée des roches. J'ajouterai qu'il est impossible de confondre les rochers et les cailloux usés par les glaciers avec ceux qui ont été émoussés ou roulés par les torrents, car les formes ne sont pas les mêmes, et les cailloux roulés ne présentent jamais de stries.

Maintenant que vous possédez des notions suffisantes sur la

constitution des glaciers et sur les traces qu'ils ont laissées, je puis aborder la seconde partie de cet entretien.

De nos jours les glaciers ne sont connus qu'au voisinage des pôles et dans les hautes montagnes ; car il faut que leur cirque d'alimentation se trouve dans la région des neiges éternelles, et, d'un autre côté, leur front s'arrête à des niveaux où la température moyenne de l'année ne dépasse pas de beaucoup celle de la glace fondante. Aussi la limite des neiges s'élève-t-elle constamment à mesure qu'on s'avance des pôles vers l'équateur. Mais il y eut une époque géologique assez rapprochée de nous où les glaciers avaient pris une extension énorme. Non-seulement ils recouvraient le nord des continents et envahissaient les plaines dans des contrées où ils n'existent plus depuis longtemps, mais ils occupaient encore la plupart des montagnes de l'Europe centrale. Les glaciers des Alpes ne s'arrêtaient au midi que dans la vallée du Pô, dépassant les emplacements du lac Majeur, du lac de Côme et du lac de Garde. Au nord, ils recouvraient presque toute la Suisse et venaient buter à droite contre l'Albe de Wurtemberg, et à gauche contre le Jura. Le plus considérable de tous, le glacier du Rhône, remplissait le Valais, comblait le lac de Genève, et s'étendait des environs de Lyon à Olten ans le canton de Soleure. Il déposait les blocs alpins de ses moraines jusqu'à une altitude de 1000 mètres environ sur les flancs du Colombier et du Chasseron, les disséminait dans les vals intérieurs du Jura, et les étendait au pied de la chaîne jusqu'au-delà de Soleure. Ces blocs, appelés erratiques, ont quelquefois des dimensions énormes, témoin la Pierre à Bot, de Neuchâtel. Dans le Valais, le bloc-monstre de Charpentier mesure 17 mètres de longueur sur 16 de largeur et 20 de hauteur, ce qui représente une masse de 5522 mètres cubes. D'ailleurs tout était prodigieux à cette époque. Tandis que l'épaisseur des glaciers actuels des Alpes ne dépasse pas 50 à 60 mètres en moyenne, le gigantesque glacier du Rhône s'élevait à plus de 600 mètres au-dessus de la plaine suisse.

Les Vosges et le Jura avaient aussi leurs glaciers particuculiers, et les Pyrénées se trouvaient largement envahies. C'est peut-être dans cette dernière chaîne qu'ils ont laissé les traces les plus manifestes. Ainsi, toutes les vallées qui débouchent dans celle de la Pique, aux environs de Bagnères de Luchon, sont remplies d'anciennes moraines, de débris et de roches moutonnées. Les schistes du port de Vénasque sont fréquemment striés. La sauvage et profonde vallée qui sépare le massif de la Maladetta de l'arête centrale de la chaîne, est bordée à une grande hauteur de moraines latérales fort étendues. Dans le val d'Oo, on rencontre à chaque pas des stries glaciaires, notamment sur les schistes que cotoie le sentier entre le village d'Oo et les Granges d'Astau. Plus haut, un peu au-dessous du lac du Portillon, on remarque, à une altitude de 2200 mètres environ, de vastes affleurements granitiques usés, arrondis et moutonnés, mais non rayés, la désagrégation ayant effacé les stries. La parfaite conservation, je dirai même la fraîcheur de toutes ces traces, pourrait faire supposer que les glaciers ont disparu d'hier. Plus haut encore, mais toujours en deçà des neiges éternelles, le fond de certaines dépressions étroites est rempli de petits blocs granitiques juxtaposés, de grandeur à peu près semblable, comprimés et nivelés au point de ressembler, à s'y méprendre, aux chemins pavés par les Romains. Ces chaussées ou voies glaciaires, car on pourrait leur donner ce nom, ont été aussi observées par M. Lézat sur le revers méridional de la Maladetta. Je m'arrête avec quelque complaisance sur ces détails, parce que l'extension des glaciers pyrénéens a été niée par certains géologues, et ensuite parce que je n'ai jamais vu, même dans les Alpes, les anciennes actions glaciaires plus nettement représentées.

Les montagnes du centre de la France paraissent être restées en dehors du phénomène, dont on ne trouve pas de traces dans les massifs du Mézenc, du Cantal et des Monts Dore. Mais les roches volcaniques qui les constituent se désagrègent si facilement, qu'elles n'auraient pu garder aucune empreinte. On ne devine pas pourquoi nos montagnes du centre auraient été préservées, puisque, malgré leur latitude un peu plus méridionale, elles conservent au moins aussi longtemps leurs neiges d'hiver que les Vosges et la Forêt-Noire. Je ne voudrais pas jurer que les glaciers fussent tout-à-fait étrangers à la formation du puissant barrage de blocs anguleux, de sables et de boues, qui intercepte la vallée de Chaudefour, dans les Monts Dore, un peu au-dessus du hameau des Moulins.

D'ailleurs les anciens glaciers ne sont pas connus seulement en Europe; ils ont laissé des vestiges dans tout le nord des continents et dans les montagnes les plus élevées des deux hémisphères : partout des roches striées et moutonnées, des moraines, des blocs erratiques sont des témoins irrécusables de leur présence. La cause de cette immense invasion est donc générale et s'est étendue à toute la terre.

Il est un autre ordre de phénomènes étroitement liés à ceux dont je viens de vous entretenir, et dont l'étude peut nous aider à rechercher la cause des premiers. Ce sont les phéno- mènes diluviens. Je suis donc obligé de vous conduire quelques instants sur un terrain nouveau.

A une certaine époque, les vallées n'existaient pas, ou du moins on n'en a pas trouvé de traces avant la période géolo- gique qui précède celle où nous vivons. Je veux parler seule- ment des vallées d'érosion, creusées bien manifestement dans les couches rocheuses superficielles du globe, et non des vallées provenant de ruptures, de dislocations ou de soulèvements, lesquelles sont ici hors de cause. Un examen quelque peu attentif fait reconnaître que les vallées d'érosion ont été pro- duites par des eaux torrentielles s'écoulant longtemps dans la même direction. On s'accorde assez généralement sur ce point, mais la divergence commence quand il s'agit d'indiquer la pro- venance de ces eaux. Je crois avoir prouvé ailleurs (1) qu'elles ont une origine atmosphérique, et que les vallées ont été creusées par des eaux pluviales. Toute autre hypothèse, en effet, ne peut expliquer le rayonnement des érosions autour des massifs montagneux; leur nombre immense à tous les niveaux; leur point de départ toujours voisin des parties culmi- nantes de ces massifs; leur identité absolue avec les ravines

(1) *Des Phénomènes diluviens*, dans les Mémoires de la Société d'ému- lation de Montbéliard, année 1865.

ouvertes sous nos yeux par les torrents; le charriage, la dispersion et l'atténuation progressive des matériaux arrachés aux terrains ravagés par le phénomène. On peut admettre sans répugnance qu'à l'époque qui précède immédiatement celle de la formation des vallées, il y eut un moment où la température du globe, jusque-là presque tropicale en Europe, s'abaissa pour devenir peu à peu ce qu'elle est de nos jours. Par un concours de circonstances toutes physiques, ce refroidissement eut sans doute pour effet la condensation à l'état liquide d'une grande quantité d'eau renfermée en vapeur dans l'atmosphère. Quoi qu'il en soit, l'observation démontre que des pluies d'une abondance et d'une continuité dont les averses tropicales les plus fortes ne peuvent nous donner aucune idée, se précipitèrent sur la terre pendant un temps très-long et avec diverses intermittences. Elles en recouvrirent la surface de nappes torrentielles qui rayonnaient autour des lieux élevés, obéissant à la déclivité des pentes, et s'écoulaient en suivant les dépressions et les ruptures du sol préexistantes. Ces eaux et les débris qu'elles charriaient creusèrent peu à peu les innombrables vallées, qui sont demeurées comme un témoignage de leur action, et dont les plus importantes sont encore occupées par une rivière; elles entraînèrent et dispersèrent au loin les matériaux solides de toute nature rencontrés sur leur passage.

Je reviens maintenant aux glaciers. Leur antique extension coïncide précisément avec l'apparition des phénomènes diluviens, ou plutôt elle est un peu postérieure; puis les deux ordres de phénomènes, après avoir longtemps coexisté, ont fini par rentrer peu à peu dans les limites où ils se maintiennent de nos jours. Permettez-moi de vous rappeler en ce moment la proposition suivante que je vous avais priés de garder en mémoire: pour qu'un glacier s'étende, il faut et il suffit que son alimentation par les neiges l'emporte sur ses pertes par la fusion. Si, les conditions de température restant les mêmes, les glaciers des Alpes recevaient trois ou quatre fois plus de neige, il est évident que leur volume s'accroîtrait en proportion, et qu'ils envahiraient les basses vallées où la chaleur les arrête. Nous pouvons de même imaginer qu'il tombe chaque hiver sur les Vosges et le Jura une telle quantité de neige, que la chaleur de l'été n'en puisse faire disparaître qu'une faible partie. Dans ce cas nous verrions renaître les glaciers qui ont pendant si longtemps recouvert ces montagnes. Puisque l'étude des phénomènes diluviens nous démontre l'existence de pluies torrentielles à l'époque qui a immédiatement précédé les anciens glaciers et pendant la durée de ceux-ci, il est manifeste que l'apparition des glaciers et leur développement extraordinaire en sont les conséquences naturelles. On peut et on doit admettre que les eaux diluviennes ne tombèrent d'abord à l'état de neige que dans le voisinage des pôles et sur les plus hautes chaînes, et que, les progrès du refroidissement aidant, les glaciers envahirent bientôt les montagnes peu élevées, où ils se sont maintenus tant que leur alimentation l'a emporté sur la fusion. Mais les pluies et les neiges ayant peu à peu diminué, il arriva un moment où elles furent insuffisantes pour contrebalancer les effets de la chaleur. Alors disparurent les glaciers des basses montagnes, en même temps que ceux des pôles et des hautes montagnes se retirèrent dans les régions qu'ils occupent aujourd'hui.

Vous reconnaîtrez donc, j'aime à le croire, qu'il n'est pas du tout besoin d'avoir recours à l'idée d'un refroidissement exceptionnel du globe pour expliquer l'ensemble des phénomènes glaciaires. Cette hypothèse peut cependant les faire comprendre jusqu'à un certain point, car on pense assez généralement qu'un abaissement de 4 à 5 degrés dans la température moyenne de l'Europe suffirait pour rétablir l'ancien état de choses. Mais elle n'est qu'une supposition presque gratuite de notre esprit, tandis que la théorie des pluies diluviennes, que je viens de vous indiquer très-sommairement, s'appuie sur des faits patents dont les conséquences s'imposent d'elles-mêmes. Entre les deux, il n'y a pas à hésiter, ce me semble. Loin de moi cependant la pensée de nier tout refroidissement. Qui peut affirmer que les deux causes n'aient pas agi simultanément, ou qu'un abaissement insolite de température n'ait été le résultat de l'extension des glaciers ? Ce qui m'empêche de repousser absolument cette manière de voir, c'est qu'il y a bien peu de phé-

nomènes naturels dont les causes ne soient pas multiples; c'est que les systèmes trop exclusifs sont toujours défectueux; c'est enfin l'existence bien constatée dans le midi de la France, pendant l'époque glaciaire, du renne, du mammouth, du bœuf musqué et d'autres animaux des contrées froides.

Jusqu'ici, et pour simplifier, je vous ai présenté les choses comme s'il n'y avait eu qu'une seule époque glaciaire. En réalité, on en compte plusieurs, deux au moins, ce qui indique des inégalités et des intermittences dans le régime des eaux pluviales. Mais ces intermittences se font aussi remarquer dans la marche des phénomènes diluviens, et donnent l'explication des irrégularités qu'on observe dans la succession des alluvions anciennes, et de leur alternance, dans certains lieux, avec des matériaux glaciaires; elles rendent parfaitement compte du recul saccadé des glaciers d'autrefois et de leurs périodes d'arrêt. L'hypothèse des pluies diluviennes me paraît donc satisfaire à toutes les conditions nécessaires pour avoir droit de cité dans la science; et si j'ai été assez heureux pour vous convaincre qu'elles ont été la cause principale de l'extension des glaciers, j'aurai obtenu le résultat le plus important que j'espérais retirer de cette conférence.

Quelle est maintenant la cause exacte des pluies diluviennes? Ici je suis obligé de décliner ma compétence, et de reconnaître que cette cause restera peut-être encore longtemps un problème. J'incline à penser qu'elle est fort complexe, et qu'elle recevra une explication satisfaisante des seules lois de la physique, sans qu'on ait besoin d'évoquer des phénomènes cosmiques ou géologiques extraordinaires. Pour vous donner une idée de la divergence d'opinion qui règne à cet égard dans le camp des géologues, je veux, en terminant, vous énumérer quelques-unes des hypothèses proposées pour rendre compte, non pas des pluies diluviennes, mais du phénomène glaciaire seulement. Il y a des partisans des causes cosmiques, des partisans des causes astronomiques, des causes physiques et d'une foule d'autres causes. Pour les uns, la terre a traversé à l'époque glaciaire une région de l'espace plus froide que celle où elle est aujourd'hui. Pour d'autres, un formidable essaim d'astéroïdes nous a intercepté momentanément les rayons du soleil. Un spirituel académicien soutenait naguère que cet astre est une étoile variable, et qu'il a pu s'obscurcir autrefois et nous envoyer moins de chaleur. Celui-ci suppose des déplacements non justifiés dans l'axe de rotation du globe. Celui-là imagine que le mouvement conique de vingt-six mille ans auquel on doit la précession des équinoxes a été suffisant pour refroidir alternativement chaque hémisphère. Certains admettent un exhaussement des terres fermes assez considérable pour en abaisser la température. D'autres encore pensent que la chaleur terrestre a régulièrement diminué jusqu'à l'époque glaciaire, et qu'ensuite elle a augmenté au moment où la mer s'étant retirée du centre de l'Afrique, le vent du désert a pu réchauffer l'Europe. Je suis obligé d'en passer, et des plus ingénieuses. Au milieu d'un tel désarroi, nous laisserons-nous aller au découragement? En aucune façon. Pour être ardu et compliqué, le problème ne sort pas des limites accessibles à l'intelligence de l'homme. Espérons qu'il s'élèvera tôt ou tard une voix prononçant l'*eurêka* si impatiemment attendu.

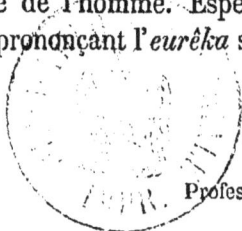

Ch. CONTEJEAN,
Professeur à la Faculté des sciences
de Poitiers.

St-Maixent, Typ. Ch. Reversé.